PATHÉPHONE

Compagnie Générale de Phonographes

Cinématographes et Appareils de Précision
Société Anonyme au Capital de 5,000.000 de Francs

MAISONS A

Paris - Londres - Moscou - Berlin - Vienne - Milan - Bruxelles
Amsterdam - Saint-Pétersbourg - Rostoff - etc., etc.

Siège Social : **98, Rue de Richelieu, PARIS**
Vente en Gros : 62, Rue de Richelieu, PARIS
Vente en Détail : 24-26, Boulevard des Italiens, PARIS

USINES

A Chatou (Seine-et-Oise)
Forest, près Bruxelles (Belgique)
Moscou (Russie)
Inzersdorf, près Vienne (Autriche)

Téléphone :
247-44 et **247-65**

Adresse Télégraphique :
PATHÉPHONE-PARIS

RÉPERTOIRE
DES
DISQUES PATHÉ

DÉCEMBRE 1909

LE PRÉSENT RÉPERTOIRE ANNULE LES PRÉCÉDENTS

PATHÉPHONE

DISQUES PATHÉ

Salon du Pathéphone
24 et 26, Boulevard des Italiens
PARIS

- 21 -
centimètres

RÉPERTOIRE 1909

DÉCEMBRE 1909

DISQUES ARTISTIQUES

RÉPERTOIRE

DES

DISQUES PATHÉ

De **21** c/m de diamètre

DOUBLE FACE

Disques de **21** *c/m de diamètre,* **DOUBLE FACE** *Prix :* **2 fr.**

DISQUES SANS AIGUILLE

Brevetés S. G. D. G.

L'audition des Disques PATHÉ commence par le centre

RÉPERTOIRE FRANÇAIS

Liste par ordre alphabétique des célébrités artistiques qui ont interprété les œuvres du présent répertoire

OPÉRAS, OPÉRAS-COMIQUES, OPÉRETTES

Alvarez (Albert), de l'Opéra de Paris	4	Dupeyron, de l'Opéra	6
Affre, de l'Opéra	5	Demoulin (Léo) Mlle, des Variétés	13
Albers, de l'Opéra-Comique et du Th. de la Monnaie, Bruxelles	8	Elty (d') (Mlle), de l'Opéra	12
Aumonier, prix du Conserv.	11	Fournets, de l'Opéra et de l'Opéra-Comique	10
Baer, de l'Opéra	10	Gautier, de l'Opéra-Comique	6
Belhomme, de l'Opéra-Comique et du théâtre de la Monnaie, Bruxelles	11	Gresse, de l'Opéra	10
Berthaud, du th. de Monte-Carlo	7	Marignan (Jane), (Mlle), de l'Op.	12
Beyle (Léon), de l'Opéra-Comique	6	Mérey (Jane) (Mme), de l'Op.-Com.	12
Bouvet, de l'Opéra-Comique	8	Noté, de l'Opéra	8
Boyer, de l'Opéra-Comique et du théâtre de la Monnaie, Bruxelles	9	Nuibo, de l'Opéra	6
Boyer (Mary), (Mlle), de l'Opéra-Comique	12	Piccaluga, de l'Opéra-Comique	9
Chambon, de l'Opéra	10	Renaud, de l'Opéra	7
Chœurs, avec accomp^t d'orch.	13	Soulacroix, de l'Opéra-Com.	8
Dangès, de l'Opéra	7	Sylva (Gertrude) (Mlle), du Covent-Garden, de Londres, et du Th. de la Monnaie, Bruxelles	13
Delmas, de l'Opéra	7	Vaguet, de l'Opéra	4
Delna (Mme), de l'Opéra	12	Viannenc, de l'Opéra-Comique et du Th. de la Monnaie, Bruxelles	9
		Vigneau, de l'Opéra-Comique	8
		Weber, du Théâtre-Lyrique	9

DÉCLAMATION

De FÉRAUDY, de la Comédie-Française 25

CONCERT

Bergeret, du Casino de Paris	23	Lejal, de la Scala	22
Bert (Pauline) (Mme), de Parisiana	24	Lekain (Esther) (Mlle), de Parisiana	24
Bloch, humoriste alsacien	22	Lemercier, chanson. montmartrois	23
Buffalo, du Cabaret Bruant	24	Magnenat	14
Charlesky, tyrolien. de l'Alhambra	23	Mansuelle, des Ambassadeurs	24
Charlus, de l'Alcazar	18	Marcelly, de la Gaîté-Rochechouart	15
Chavat et Girier, de la Scala	23	Maréchal, de l'Eldorado	17
Dalbret, de l'Alhambra et des Ambassadeurs	20	Marrel (Lise), du Th. Royal de Liège	24
Dranem, de l'Eldorado	16	Mayol, de la Scala	15
Elval, du Th. Royal de la Haye	14	Mercadier, de l'Eldorado	14
Fragson, de la Scala	16	Miette (Mme), de la Scala	24
Frey (Fernand), de la Cigale	16	Minstrels Parisiens, des Concerts Parisiens	23
Georgel, de la Pépinière	21	Plébins, des Concerts Parisiens	22
Guilbert (Yvette) (Mme), Etoile des Concerts Parisiens	24	Polin, de la Scala	15
Kam-Hill, des Concerts Parisiens	20	Rollini (Mme), des Folies-Bergère	25
Lanthenay (Mme), de la Scala	24	Vallez, des Concerts Parisiens	23
		Vilbert, de Parisiana	22

ORCHESTRE TZIGANE (Direction F. Falk) 26
ORCHESTRE TZIGANE (Enregistré à Vienne) 26

ORCHESTRE

Airs nationaux	34	Pas redoublés	34
Défilés	34	Polkas	30
Fantaisies	27	Quadrilles	33
Marches de Concert	28	Scottishs	33
Marches étrangères	34	Soli d'accordéon	38
Marches militaires	34	Soli de mandoline	38
Marches originales	34	Soli de violon	37
Mazurkas	32	Soli de violoncelle	38
Morceaux de genre	28	Soli d'instruments divers	36
Musique humoristique	39	Trompes de chasse	39
Musique Religieuse	29	Trompettes de cavalerie	39
Ouvertures	27	Valses	29

RÉPERTOIRE FLAMAND ET WALLON 40
J. Willekens et Mme Léonne. | Mme Mars Moncey et Dutreux

DISQUES PATHÉ (Répertoire français)

CHANT

TÉNORS

ALBERT ALVAREZ
de l'Opéra de Paris

0236	Favorite (la) (Donizetti). — Duo du 4ᵉ acte, par M. Alvarez et Mᵐᵉ Delna.	
1658	Joseph (Méhul). — Champ paternel, par M. Alvarez.	

VAGUET
de l'Opéra

Opéra, Opéra-Comique et Opérette

0090	Jour et la Nuit (le) (Lecocq). — Sous le Regard (avec orchestre).	
0150	Grand Mogol (le) (Audran). — Couplets du Chou et de la Rose (av. orch.).	
0169	Werther (Massenet). — Invocation à la Nature (avec orchestre).	
0191	Werther (Massenet). — Pourquoi me réveiller (avec orchestre).	
3650	Mireille (Massenet) (Chant provençal).	
4961	Cloches de Corneville (les) (Planquette). — Va petit mousse.	
4525	Faust (Gounod). — Salut demeure chaste et pure... (av. orch.)	
4549	Carmen (Bizet). — La fleur que tu m'avais jetée (avec orchestre).	
4520	Damnation de Faust (la) (Berlioz). — Air de Faust (avec orchestre).	
4537	Damnation de Faust (la) (Berlioz). — Invocation (avec orchestre).	
4534	Joseph (Méhul). — A peine au sortir... (avec orchestre).	
4548	Joseph (Méhul). — Vainement Pharaon... (avec orchestre).	

Mélodies et Romances

0097	Q'en dis-tu Petite ? (avec orchestre).	L. Delerue.
0168	Sérénade (avec orchestre).	Schubert.
0192	Pour une larme.	Domergue.
0199	C'est pour vous que je chante.	Borel-Clerc.
0198	Vieux Grigou (le) (avec orchestre).	Durand.
0200	Mai (avec orchestre).	R. Hahn.
3647	Vie (la).	J. Clérice.
4963	Rêve ou Folie (avec orchestre).	Ch. Mame fils.
3665	Chanson du Baiser (la).	I. de Lara.
3667	Ton Sourire.	A. Catherine.
3668	Berceuse d'amour.	P. Delmet.
3669	Chemin d'amour.	E. Trépard.
3682bis	On a oublié (chanson rustique) (avec orchestre).	L. Farjall.
3684bis	Petit Siffleur (le) (chanson rustique) (av. orch.).	L. Farjall.
3683	Libellule (la) (avec violon et piano).	L. Farjall.
3685	Trois Roses (les).	J. Darien.
3735	Serments d'amour (mélodie).	F. Raynal.
4985	Simple Valse (avec orchestre).	J. Dalcroze.
4516	Vierge à la Crèche (la) (avec orchestre).	J. Clérice.
4529	Je ne sais plus (avec orchestre).	L. Farjall.

PATHÉPHONE, 98, rue de Richelieu, Paris

Vaguet, de l'Opéra (*suite*).   **TÉNORS**

- 4518 Petits Bambins d'amour (avec orchestre). Delabre.
- 4674 Trianon (menuet) (avec orchestre). A. Rémy.
- 4524 Noël d'Amour (avec cloches et orchestre). A. Luigini.
- 4528 Quand tu m'aimais (avec orchestre). L. Farjall.
- 4527 Sourire (le) (avec orchestre). E. Pessard.
- 4533 Pensez à moi (avec orchestre). L. Farjall.
- 4536 Cosi fan tutte (avec orchestre). Mozart.
- 4547 Plaisir d'amour (avec orchestre). Martini.
- 4545 Ninon, voici les Roses (avec orchestre). J. Darien.
- 4924 Tu m'as dit un jour (avec orchestre). G. Paulin.
- 4921 Au petit jour du matin (avec orchestre). G. Doret.
- 4925 Allons tous les deux (avec orchestre). J. Szulc.
- 4928 Etoile d'amour (avec orchestre). P. Delmet.
- 4983 Rancœur lasse (avec orchestre). G. Oble.
- 4971 Que je t'oublie (avec orchestre). H. Chrétien.
- 4975 Chanteclair (chanson patriotique) (avec orchestre). E. Durand.
- 4977 Berceuse (avec orchestre). Ch. Lévadé.
- 4980 Caresse andalouse (chanson Sévillane) (av. orch.). G. Charton.
- 4981 Berceuse à Bimboline (avec orchestre). P. Alin.
- 4987 J'ai cueilli le Lys (avec orchestre). Ch. Lévadé.
- 4990 Premier jour où je vis Jeanne (le) (av. orch.). E. Chizat.
- 4994 Adieux du Matin (avec orchestre). E. Chizat.
- 4995 Hymne aux Etoiles (avec orchestre). E. Chizat.
- 4996 Chanson Matinale (avec orchestre). E. Chizat.
- 4997 Matinée d'Avril (avec orchestre). E. Chizat.
- 4998 Projet (avec orchestre). E. Chizat.

DUO

- 0546 Roméo et Juliette (Gounod). — Madrigal (avec orchestre). chanté par **M. Vaguet** et **M**^{me} **Vallandri**.
- 3842 Cavalleria Rusticana (Mascagni). — Sicilienne (avec orchestre). chanté par **M. Vaguet**.

AFFRE
de l'Opéra

- 3481 Rigoletto (Verdi). — Comme la plume.
- 3494 Rigoletto (Verdi). — Qu'une Belle.
- 3482 Africaine (l') (Meyerbeer). — Air de Vasco de Gama.
- 3483 Aïda (Verdi). — O céleste Aïda.
- 3485 Roméo et Juliette (Gounod). — Cavatine.
- 3506 Trouvère (le) (Verdi). — Miserere.
- 3486 Carmen (Bizet). — La Fleur que tu m'avais jetée.
- 3490 Mage (le) (Massenet). — Air du Mage.
- 3487 Faust (Gounod). — Salut, ô mon dernier matin.
- 3505 Favorite (la) (Donizetti). — Ange si pur.

PATHÉPHONE, 98, rue de Richelieu, Paris

Affre, de l'Opéra. **TÉNORS**

- 3492 **Attaque du Moulin** (l') (Bruneau). — Adieu Forêts.
- 3507 **Prophète** (le) (Meyerbeer). — Pour Bertha.
- 3493 **Reine de Saba** (la) (Gounod). — Inspirez-moi.
- 3496 **Huguenots** (les) (Meyerbeer). — Plus blanche.
- 3495 **Stances** (Flégier) (mélodie).
- 3497 **Parais à ta fenêtre** (L. Gregh) (mélodie).
- 3509 **Huguenots** (les) (Meyerbeer) — Entrée de Raoul
- 3511 **Huguenots** (les) (Meyerbeer). — Beauté divine.

NUIBO
de l'Opéra

- 4564 **Souhaits à la France** (avec chœur et orchestre).   E. Pessard.
- 4574 **Noël d'amour** (avec cloches et orchestre).   A. Luigini.

BEYLE
de l'Opéra-Comique

- 3240 **Dragons de Villars** (les) (Maillart). — Ne parle pas.
- 3250 **Mireille** (Gounod). — Anges du Paradis.
- 3241 **Manon** (Massenet). — Rêve de Des Grieux.
- 3244 **Manon** (Massenet). — Ah ! fuyez, douce image.
- 3243 **Mignon** (A. Thomas). — Elle ne croyait pas.
- 3248 **Mignon** (A. Thomas). — Adieu, Mignon.

GAUTIER
de l'Opéra-Comique

- 0055 **Faust** (Gounod). — Salut, ô mon dernier matin.
- 0057 **Faust** (Gounod). — Laisse-moi contempler.
- 0077 **Favorite** (la) (Donizetti). — Un ange, une femme.
- 0093 **Guillaume Tell** (Rossini). — Asile héréditaire.
- 0119 **Huguenots** (les) (Meyerbeer). — Plus blanche.
- 0332 **Dame Blanche** (la) (Boëldieu). — Ah ! quel plaisir.
- 0143 **Juive** (la) (Halévy). — Prière de la Pâque.
- 0144 **Juive** (la) (Halévy). — Rachel, quand du Seigneur.
- 0149 **Lucie de Lammermoor** (Donizetti). — O bel Ange.
- 0160 **Martha** (Flotow). — Lorsqu'à mes yeux.
- 0255 **Traviata** (la) (Verdi). — Buvons jusqu'à la lie.
- 0483 **Si j'étais Roi** (Adam). — J'ignorais son nom.
- 0411 **Mignon** (A. Thomas). — Adieu, Mignon.
- 0412 **Mignon** (A. Thomas). — Elle ne croyait pas.

DUPEYRON
de l'Opéra

- 0052 **Faust** (Gounod). — Salut, ô mon dernier matin.
- 0158 **Juive** (la) (Halévy). — Rachel, quand du Seigneur.

PATHÉPHONE, 98, rue de Richelieu, Paris

TÉNOR

BERTHAUD
du Théâtre de Monte-Carlo
avec accompagnement d'orchestre

DUOS

- 0512   **Chalet** (le) (Adam). — Il faut me céder ta maîtresse.
- 0513   **Chalet** (le) (Adam). — Il faut me céder ta maîtresse (suite).
  par MM. **Berthaud** et **Belhomme**.
- 2401   **Jour et la Nuit** (le) (Lecocq). — Duetto du 2ᵉ acte.
- 2407   **Grande Duchesse de Gérolstein** (la) (Offenbach). — Chanson militaire, par M. **Berthaud** et Mˡˡᵉ **Léo Demoulin**.

BARYTONS

DELMAS
de l'Opéra

- 2494   **Patrie** (Paladilhe). — Pauvre martyr obscur.
- 2496   **Faust** (Gounod). — Scène de l'Eglise.

RENAUD
de l'Opéra

- 3381   **Carmen** (Bizet). — Air du Toréador.
- 3382   **Roi de Lahore** (le) (Massenet). — Promesse de mon avenir.

DANGÈS
de l'Opéra
avec accompagnement d'orchestre

- 4948   **Damnation de Faust** (la) (Berlioz). — Air des Roses.
- 4949   **Tannhäuser** (le) (Wagner). — Romance de l'Etoile.

Mélodies

- 0570   **Vin de France** (le).   Paillard.
- 4953   **Hosanna.**   Granier.
- 4953   **Hosanna.**   Granier.
- 4954   **Régiment de Sambre-et-Meuse** (le).   Planquette.

PATHÉPHONE, 98, rue de Richelieu, Paris

BARYTONS

NOTÉ
de l'Opéra

- 2716 **Faust** (Gounod). — Mort de Valentin.
- 2755 **Benvenuto Cellini** (Diaz). — De l'art, splendeur immortelle.
- 2738 **Guillaume Tell** (Rossini). — Prière.
- 2747 **Trouvère** (le) (Verdi). — Son regard, son doux sourire.
- 2744 **Hamlet** (A. Thomas). — Chanson bachique.
- 2748 **Hamlet** (A. Thomas). — Comme une pâle fleur (Arioso).
- 2753 **Credo du Paysan** (le) (Goublier) (mélodie).
- 2754 **Charité** (la) (Faure) (mélodie).

SOULACROIX
de l'Opéra-Comique

- 3723 **Rip** (Planquette). — Couplets de la Paresse.
- 3724 **Rip** (Planquette). — Romance des Enfants.

BOUVET
de l'Opéra-Comique

- 2590 **Joconde** (la) (Nicolo). — Dans un délire extrême.
- 4901 **Tannhäuser** (le) (Wagner). — Romance de l'Etoile (avec orchestre).

ALBERS
de l'Opéra-Comique et du Théâtre de la Monnaie, Bruxelles

- 0963 **Tannhäuser** (le) (R. Wagner). — Romance de l'Etoile.
- 0972 **Tosca** (la) (Puccini). — Air de Scarpia.
- 0966 **Roi de Lahore** (le) (Massenet). — Promesse de mon avenir.
- 0971 **Grisélidis** (Massenet). — L'Oiseau captif.
- 3517 **Attaque du Moulin** (l') (Bruneau). — Berceuse (avec orchestre).
- 3518 **Guillaume Tell** (Rossini). — Prière (avec orchestre).

VIGNEAU
de l'Opéra-Comique
avec accompagnement d'orchestre.

- 4651 **O sole mio** (Chanson napolitaine).   Di Capua.
- 4769 **Chanson de Marinette** (la).   Tagliafico.
- 4656 **Pensée d'Automne**.   Massenet.
- 4772 **Chanson des Peupliers** (la).   Doria.

DUO

- 4609 **Dragons de Villars** (les) (Maillart). — Ah ! si j'étais...
  par M. Vigneau et Mlle Jane Marignan.
- 4653 **Ombre** (l') (Flotow). — Couplets de Midi, Minuit.
  par M. Vigneau.

BARYTONS

VIANNENC
de l'Opéra-Comique et du Théâtre de la Monnaie, Bruxelles

0940	Paul et Virginie (V. Massé). — L'Oiseau s'envole.
0941	Dragons de Villars (les) (Maillart). — Quand le Dragon.
0942	Amour de moi (l') (vieille mélodie).	XXX.
0943	Si tu le voulais (mélodie).	P. Tosti.

BOYER
de l'Opéra-Comique et du Théâtre de la Monnaie, Bruxelles

0006 Africaine (l') (Meyerbeer). — Ballade de Nélusko.
0296 Barbier de Séville (le) (Rossini). — Air de Figaro.
0075 Favorite (la) (Donizetti). — Jardins de l'Alcazar.
0076 Favorite (la) (Donizetti). — Pour tant d'amour.
0228 Louise (G. Charpentier). — Voir naître une enfant.
0407 Manon (Massenet). — Epouse quelque brave fille.
0257 Traviata (la) (Verdi). — Lorsqu'à de folles amours.
0566 Cloches de Corneville (les) (Planquette). — J'ai fait trois fois.
0389 Joconde (la) (Nicolo). — Dans un délire extrême.
0484 Si j'étais roi (Adam). — Dans le sommeil.
0569 Cœur et la Main (le) (Lecocq). — L'Adjudant et sa monture.
0598 François les Bas Bleus (Bernicat et Messager). — C'est François.
0640 Mascotte (la) (Audran). — Air de Saltarello.
0643 Mousquetaires au Couvent (les) (Varney). — Pour faire un brave.

Mélodies et Romances

0852	Alleluia d'amour.	Faure.
0910	Chanson de Marinette (la).	Tagliafico.
0998	Myrtes sont flétris (les).	Faure.
1035	Noël des Gueux.	Vargues.
1081	Quand l'Oiseau chante.	Tagliafico.
1147	Verse Margot.	Doria.
1134	Violettes fanées.	F. Rameau.
1139	Voix des Chênes (la).	Goublier.

PICCALUGA
de l'Opéra-Comique

1097	An d'Amour (l').	L. Collin.
1098	Bon Guide (le).	A. Wolff.

WEBER
du Théâtre Lyrique

0065 Faust (Gounod). — Mort de Valentin.
0069 Faust (Gounod). — Invocation de Valentin.
0114 Hérodiade (Massenet). — Vision fugitive.
0397 Lakmé (Léo Delibes). — Ton doux regard se voile.

BARYTONS   Weber, du Théâtre Lyrique (*suite*).

Mélodies et Romances

0850	Anneau d'argent (l').	Chaminade.
0854	Angelus de la mer (l').	Goublier.
0905	Credo du Paysan (le).	Goublier.
1010	Marche Lorraine.	L. Ganne.
0913	Clairon (le).	P. Déroulède.
0918	Chanson des Peupliers (la).	Doria.
1108	Stances à Manon.	P. Delmet.
1141	Vin de Marsala (le).	Vargues.
1110	Si vous ne m'aimez plus.	Goublier.
2693	Marche à l'Etoile (la).	Fragerolles.
1140	Veux-tu?	Wentzel.
1143	Verse Margot.	Doria.

BASSES

CHAMBON
de l'Opéra

3153	Pas d'armes du Roi Jean.	Saint-Saëns.
3162	Promenade du Paysan (la).	P. Dupont.

GRESSE
de l'Opéra

0499	Faust (Gounod). — Scène de l'église.
0502	Huguenots (les) (Meyerbeer). — Bénédiction des Poignards.
0500	Faust (Gounod). — Ronde du veau d'or.
0501	Faust (Gounod). — Sérénade.
0504	Deux Grenadiers (les) (Schumann) (Mélodie).
0506	Marseillaise (la) (Rouget de l'Isle).

FOURNETS
de l'Opéra et de l'Opéra-Comique

3538	Barbier de Séville (le) (Rossini). — Air de la Calomnie.
3565	Carmen (Bizet). — Air du Toréador.
3539	Mireille (Gounod). — Si les filles d'Arles.
3544	Huguenots (les) (Meyerbeer). — Bénédiction des Poignards.

BAER
de l'Opéra

0472	Lakmé (Léo Delibes). — Ton doux regard se voile.
0473	Mignon (A. Thomas). — Berceuse.
0474	Reine de Saba (la) (Gounod). — Sous les pieds d'une femme.
0479	Saisons (les) (Victor Massé). — Chanson du blé.

PATHÉPHONE, 98, rue de Richelieu, Paris

BASSES

BELHOMME
de l'Opéra-Comique et du Théâtre de la Monnaie, Bruxelles

- 0376 **Ménestrel** (le) (E. Chizat). — L'Escarcelle (avec orchestre).
- 0378 **Ménestrel** (le) (E. Chizat). — Cantique du pain (avec orchestre).
- 0379 **Caïd** (le) (A. Thomas). — La Diane (avec orchestre).
- 0383 **Pardon de Ploërmel** (le) (Meyerbeer). — Air du chasseur (av. orch.).
- 0388 **Mon grand verre** (E. Chizat) (mélodie) (avec orchestre).
- 0391 **Poule chanteuse** (la) (P. Martin) (fable avec orchestre).
- 2771 **Domino Noir** (le) (Auber). — Deo gratias.
- 2773 **Châlet** (le) (Adam). — Vallons de l'Helvétie.
- 2775 **Fais dodo** (Weber) (mélodie).
- 2777 **Chanson de Thersite** (Wormzer).

DUOS
- 0512 **Chalet** (le) (Adam). — Il faut me céder ta maîtresse.
- 0513 **Chalet** (le) (Adam). — Il faut me céder ta maîtresse (suite), par MM. Belhomme et Berthaud.

AUMONIER
Prix du Conservatoire

- 0023 **Charles VI** (Halévy). — Guerre aux Tyrans.
- 0120 **Huguenots** (les) (Meyerbeer). — Pif! Paf!
- 0023 **Charles VI** (Halévy). — Guerre aux Tyrans.
- 0297 **Barbier de Séville** (le) (Rossini). — Air de la Calomnie.
- 0056 **Faust** (Gounod). — Ronde du Veau d'or.
- 0058 **Faust** (Gounod). — Sérénade.
- 0118 **Huguenots** (les) (Meyerbeer) — Bénédiction des Poignards.
- 0141 **Juive** (la) (Halévy). — Si la rigueur.
- 0202 **Reine de Saba** (la) (Gounod). — Sous les pieds d'une femme.
- 0218 **Robert le Diable** (Meyerbeer). — Evocation des Nonnes.
- 0318 **Chalet** (le) (Adam). — Vallons de l'Helvétie.
- 0319 **Chalet** (le) (Adam). — Vive le Vin.

Mélodies

N°	Titre	Auteur
0875	**Bœufs** (les).	P. Dupont.
0898	**Bon Guide** (le).	A. Wolff.
0897	**Cor** (le) (avec cor).	Flégier.
1784	**Pressoir** (le).	Faure.
1111	**Sapins** (les).	P. Dupont.
1786	**Rameaux** (les).	Faure.
1782	**Louis d'or** (les).	P. Dupont.
2011	**Noël païen**.	Massenet.
1783	**Alleluia d'Amour**.	Faure.
1794	**Angelus de la mer** (l').	Goublier.
2038	**Pauvres fous**.	Tagliafico.
2065	**Chanson de Marinette** (la).	Tagliafico.

PATHÉPHONE, 98, rue de Richelieu, Paris

CONTRALTE

MME DELNA
de l'Opéra

- 3504 Vivandière (la) (B. Godard). — Viens avec nous, petit.
- 4879 Werther (Massenet). — Air des Lettres (avec orchestre).

SOPRANI

MLLE D'ELTY
de l'Opéra
avec accompagnement d'orchestre

- 0668 Véronique (Messager). — Couplets du 3ᵉ acte.
- 0671 Véronique (Messager). — Ronde du 2ᵉ acte.

MLLE JANE MARIGNAN
de l'Opéra

- 1004 Manon (Massenet). — Adieu, notre petite table.
- 1012 Manon (Massenet). — Voyons, Manon.
- 1014 Faust (Gounod). — Ah ! je ris.
- 1015 Sapho (Massenet). — Pendant que tu travaillerais.

MME JANE MÉREY
de l'Opéra-Comique

1986	Valse Rose (accompagné par l'auteur).	Margis.
2066	Bouquet (le)	J. Clérice.
2028	Violettes (les).	Margis.
2053	Fleurs fanées.	A. Catherine.

MLLE MARY BOYER
de l'Opéra-Comique

- 0059 Faust (Gounod). — Ballade du Roi de Thulé.
- 0363 Fille du Régiment (la) (Donizetti). — Il faut partir.
- 0121 Huguenots (les) (Meyerbeer). — Nobles Seigneurs, salut.
- 0366 Fille du Régiment (la) (Donizetti). — Salut à la France.
- 0133 Jocelyn (B. Godard). — Berceuse.
- 0443 Noces de Jeannette (les) (V. Massé). — Cours, mon aiguille.
- 0234 Samson et Dalila (Saint Saëns). — Mon cœur s'ouvre à ta voix.
- 0444 Noces de Jeannette (les) (V. Massé). — Parmi tant d'amoureux.
- 0258 Louise (G. Charpentier). — Air du 3ᵉ acte.
- 0419 Mireille (Gounod). — Le jour se lève.
- 0309 Carmen (Bizet). — L'amour est enfant de Bohême.
- 0608 Carmen (Bizet). — Danse des Castagnettes.
- 0344 Dragons de Villars (les) (Maillart). — Espoir charmant.
- 0404 Manon (Massenet). — Adieu, notre petite table.

PATHÉPHONE, 98, rue de Richelieu, Paris

Mlle Mary Boyer, de l'Opéra-Comique *(suite).* **SOPRANI**

- 0568 **Cloches de Corneville** (les) (Planquette). — Vive le cidre.
- 1589 **Cent Vierges** (les) (Lecocq). — O Paris ! gai séjour.
- 0592 **Fille du Tambour-Major** (la) (Offenbach). — Je suis la fille.
- 1558 **Belle Hélène** (la) (Offenbach). — Dis-moi Vénus.
- 0954 **Frou-Frou** (Benoît) (valse chantée).
- 1031 **Naples** (d'Hack) (mélodie).
- 1040 **Amoureuse** (Berger) (mélodie).
- 1049 **Pavane** (la) (Vargues) (mélodie).
- 1553 **Amour mouillé** (l') (Varney). — P'tit Fifi.
- 2248 **Vivandière** (la) (B. Godard). — Viens avec nous petit.

Mlle SYLVA
du Covent-Garden de Londres et du Théâtre de la Monnaie, Bruxelles

- 2839 **Louise** (G. Charpentier). — Air du 3ᵉ acte.
- 2844 **Lucie de Lammermoor** (Donizetti). — Air de la Folie.

Mlle LÉO DEMOULIN
des Variétés

avec accompagnement d'orchestre

- 2437 **Véronique** (Messager). — Couplets d'Estelle et de Véronique.
- 2441 **Gillette de Narbonne** (Audran). — Couplets du dodo.

DUOS

- 2401 **Jour et la Nuit** (le) (Lecocq). — Duetto du 2ᵉ acte.
- 2407 **Grande Duchesse de Gérolstein** (la) (Offenbach). — Chanson militaire, par **Mlle Léo Demoulin** et **M. Berthaud**.

CHŒURS
avec accompagnement d'orchestre
SOLI CHANTÉS PAR MM.

Devriès (Op.-Com.), **Nansen**, **Dangès** (Opéra) et **Belhomme** (Op.-Com.)

- 0767 **Faust** (Gounod). — Chœur de la Kermesse.
- 0785 **Taverne des Trabans** (la) (Maréchal). — Chœur des Buveurs.
- 0777 **Arlésienne** (l') (Bizet). — Marche des Rois.
- 0824 **Zampa** (Hérold). — Prière par **MM. Devriès, Dangès et Belhomme**.
- 0788 **Contes d'Hoffmann** (les) (Offenbach). — Chœur des Étudiants.
- 0831 **Trouvère** (le) (Verdi). — Chœur des Bohémiens.

PATHÉPHONE, 98, rue de Richelieu, Paris

CONCERT

MAGNENAT

| 0110 | Rosier (le). | Danty. |
| 0111 | Quand je te vois. | L. Farjall. |

MERCADIER
de l'Eldorado

1059	Partenza ! (Chanson Napolitaine) (avec orchestre).	E. Mercadier.
1687	Portrait de Mireille (le) (avec orchestre).	Doria.
1060	Si vous y consentiez, Madame ? (av. orch.)	M. Guitton.
1717	Bonsoir Madame la Lune (avec orchestre).	P. Marinier.
1547	Selon la Saison.	A. Fattorini.
1595	A Bagnolet.	Rosès.
1597	Bonjour, Suzon.	E. Pessard.
1602	Ni brune, ni blonde.	J. Darien.
1605	Après la Rupture.	Lemercier.
1710	Quand les Lilas refleuriront.	Dihau.
1606	C'était un Rêve.	Maquis.
1613	Sérénade d'amour.	Riffey-Fattorini.
1617	Je vous ai tant aimée.	Taillefer.
1622	Closerie aux Genêts (la).	Léonvic.
1687	Portrait de Mireille (le).	Doria.
1696	Je suis le Passeur du Printemps.	G. Goublier.
1724	Sous la Forêt brune.	Fauchey.
1726	Si vous le voulIez, ô Mademoiselle.	Maquis.
1727	Sixième Etage (le).	Novelly.
1728	Etoile d'Amour (l').	P. Delmet.
1738	Visite à Ninon.	Maquis.
1918	Ma jolie.	Maquis.
4408	Petite femme qui passe.	G. Goublier.
4428	Ressemblance.	G. Goublier.
4433	Ultime raison.	A. Fattorini.
4849	Sonnez clochetons (avec orchestre).	G. Goublier.
4444	Amant philosophe (l').	B. Holzer.
4457	J'ai faim d'amour.	J. Darien.
4647	Si l'on connaissait la femme (av. orch.).	M. Guitton.
4649	Fiançailles Roses (les) (avec orchestre).	Casabianca.
4854	Je vous ai tant aimée (avec orchestre).	Taillefer.
4856	Larmes de la vie (les) (avec orchestre).	Dequin.

G. ELVAL
du Théâtre Royal de la Haye
avec accompagnement d'orchestre

| 1030 | Fenfant d'Amour (chanson-valse). | L. Daniderff. |
| 2634 | Frisson d'Amour (valse lente). | G. Goublier. |

PATHÉPHONE, 98, rue de Richelieu, Paris

G. Elval, du Théâtre Royal de la Haye (suite)

2635	Nuit tragique.	Borel-Clerc.
2645	Chemineau, chemine !	L. Daniderff.
2638	Baisers qui mentent (chanson).	Colo-Bonnet.
2649	Quand on aime (valse chantée).	E. Rosi.
2665	Stella Amorosa (Amoureuse Étoile).	J. Rico.
2669	Ça ne dure qu'un temps (Valse lente).	Garnier-Flament.
2666	Nuits de Naples.	Gambardella.
2667	Oublions le passé.	Dickson.
2672	Ninon voici les Roses (chanson-valse).	J. Darien.
2685	Drapeau du Paysan (le) (chanson).	G. Fragerolles.
2675	Mère de Dieu. — Hymne à la Sainte Vierge.	Pickaert.
2682	Noël. — Dieu vous aime tant.	Fragerolles.
2688	Dormez ô mon Amour !	Colo-Bonnet.
2689	Une page d'Amour.	J. Rico.

POLIN
Comique militaire

1861	Départ pour Loches (le).	Chicot.
3776	Pépin de la Dame (le).	Rimbault
3768	Mes Petites Compensations.	Spencer.
3828	Situation intéressante.	Spencer.
3792	Automobile du Colon (l').	Rimbault
3803	Anatomie du Conscrit (l').	Rimbault.
3804	Balance Automatique (la).	Delormel
3805	Boiteuse du Régiment (la).	Delormel.
3804	Balance Automatique (la).	Delormel.
3810	Dernière Carotte (la).	Gramet.
3820	Moine du Commandant (le).	Disle.
3832	Invitation d'amour.	XXX.
3822	Quand j'suis d'sortie.	XXX.
3825	Rigolard et Pleurnichard.	XXX.

MAYOL
de la Scala

2366	Allons, Mademoiselle.	Fechner.
2367	Family-House.	Christiné.

MARCELLY
de la Gaîté-Rochechouart
avec accompagnement d'orchestre

2697	Ah ! dis-le moi.	M. Guitton.
2698	Ton cœur a pris mon cœur.	V. Scotto.
2700	Elle est de l'Italie ou Mon Italienne.	E. Gavel.
2706	M'amour jolie.	R. Georges

PATHÉPHONE, 98, rue de Richelieu, Paris

Marcelly, de la Gaîté-Rochechouart (*suite*).

2701	**Bon Dieu des Roses** (le) (mélodie).	Guttinguer.
2737	**Nuit tragique** (chanson).	Borel-Clerc.
2708	**France qui passe** (la) (chanson patriotique).	Borel-Clerc.
2727	**Linette** (chanson-valse).	Christiné.
2739	**Sa petite Amie** (chanson vécue).	Georges et Soler.
2787	**Frissons de Femmes** (chanson) (avec timbres).	Thuillier fils.
2759	**Pays que l'on aime** (le).	C. Maquis.
2780	**Napolinette.**	Guttinguer et Soler.
2782	**Clairon de Malheur** (Répertoire Montéhus).	Chantegrelet.
2791	**V'là le temps qui tourne à l'Orage** (Répertoire Montéhus).	Chantegrelet-Doubis.
2796	**Chanson des Joyaux** (la).	M. Guitton.
2798	**Cœur de ma Jolie** (le) (romance).	Georges et Morias.
2828	**Lettre d'Adieu** (valse chantée).	P. Leconte.
2858	**Adieu ma Mie** (lettre d'amant).	R. Wibier.
2857	**Femme de Marin** (chanson).	M. Guitton.
2863	**Chanson Banale.**	Gabaroche.

FRAGSON
de la Scala

3191	**Brin de Vie.**	Fragson.
3192	**Licencié** (le).	Dérouville.
3196	**Souliers de ma Voisine** (les).	Fragson.
3228	**Aveux discrets.**	Fragson.

DRANEM
de l'Eldorado

2722	**Je m'balance.**	Fragson-Lud.
2723	**Gardien des Ruines** (le) (récit).	Briollet.
2896	**Claqueur** (le).	Del-Raiter.
2965	**Femme peintre** (la).	Byrec.
2897	**Guide du Jardin des Plantes** (le) (récit).	Briollet.
2953	**Orage** (l') (récit).	Dollinet.
2899	**Petits Pois** (les).	Spencer.
2914	**Nous nous plûmes.**	Fragson.
2914	**Nous nous plûmes.**	Fragson.
2917	**J'ai un rosier.**	Dérouville.
2924	**Enfant du Cordonnier** (l').	Christiné.
2948	**Frangin rigolo** (le).	Tassin et Rimbault.
2946	**Art culinaire.**	Briollet et Gerny.
2977	**Bonsoir M'ssieurs Dames.**	Aillaud-Bunel.

FERNAND FREY
de la Cigale

3117	**Gaîtés du Téléphone** (les) (monologue).	F. Frey.
3132	**Dans la Rue** (cris parisiens).	F. Frey.

PATHÉPHONE, 98, rue de Richelieu, Paris

Fernand Frey, de la Cigale (*suite*).

3120	Métro-Ballade (fantaisie monologue comique).	F. Frey.
3124	Train de Plaisir (le) (fantaisie monologue).	F. Frey.
3128	Un Monsieur qui bégaye (monologue comique).	F. Frey.
3129	Martyr de la rue Popincourt (le) (mon. com.).	F. Frey.
3166	Blagues de l'Amour (les) (chansonnette).	Christiné.
3168	Permis de pêche (le) (chansonnette).	Léo Tydan.

MARÉCHAL
de l'Eldorado

0873	Biniou (le) (avec orchestre).	E. Durand.
0883	Chanson des Blés d'or (la).	XXX.
0873	Biniou (le) (avec orchestre).	E. Durand.
1700	Petit Portrait (le) (avec orchestre).	Picquet.
0887	Promenade du Paysan (la).	P. Dupont.
0904	Ce que j'aime.	Dassier.
1051	Paimpolaise (la) (avec orchestre).	Th. Botrel.
1125	Temps des Cerises (le).	Renard.
1324	Père la Victoire (le).	Ganne.
1336	Rieur (le).	XXX.
1619	Curé Printemps (le).	XXX.
1744	Vieux Voyou (le).	Maquis.
1668	Marche des Cambrioleurs (la).	Daris-Berger.
1816	Ne jurez pas aux femmes.	Tiska.
1683	Bonjour Mimi (avec orchestre).	Christiné.
1690	Ninon voici les roses (avec orchestre).	J. Darien.
1695	Sérénade printannière (avec orchestre).	Vargues.
1697	Conseils à Ninette (avec orchestre).	Esteban-Marti.
1698	En vous voyant (avec orchestre).	Vargues.
1699	Grande Bleue (la) (avec orchestre).	Vargues.
1715	Chez le Boucher (avec orchestre).	Lust.
4650	Kraquette (la) (avec orchestre).	J. Clérice.
1718	Parisiens en villégiature (les) (avec orchestre).	A. Petit.
1718	Caillettes (les) (avec orchestre).	L. Billaut.
1719	Mariage de Gontran (le) (avec orchestre).	I. Pontio.
1720	Perrette (avec orchestre).	I. Pontio.
1850	Mendiant d'amour.	P. Delmet.
1855	O sole mio (Mon soleil).	Di Capua.
1980	Ronde du Garde champêtre (la).	Bernicat.
1981	Sans le vouloir.	Galipaux.
2280	Blondes (les).	Fragson.
2281	Brunes (les).	Fragson.
2498	Un monsieur chatouilleux.	XXX.
2705	Dame de Pique (la).	F. Chaudoir.
3882	Dites-moi si vous avez un cœur.	Maquis.
3883	Enfants et les mères (les).	Chatau.

PATHÉPHONE, 98, rue de Richelieu, Paris

Maréchal, de l'Eldorado (suite)

3970	**Bonsoir Madame la Lune.**	P. Marinier.
3977	**Etoile d'amour** (l').	P. Delmet.
4621	**Valsons populo** (avec orchestre).	G. Charton.
4626	**Ange blond** (avec orchestre).	L. Farjall.
4624	**Marche gracieuse** (avec orchestre).	J. Darien.
4634	**Avec ton souvenir** (avec orchestre).	Guttinguer.

DUOS

0749	**Vingt-huit Jours de Clairette** (les) Duo de Gibard et Michonnet.	V. Roger.
1517	**Cinq minutes chez Bruant.**	Bruant.
2321	**Bois-sans-soif et Bec-salé.**	XXX.
2337	**Gendre et Belle-Mère.**	Gangloff.
2336	**Oui ma Sargent.**	Delormel.
3005	**Monômes** (les).	Del-Poncin.
3004	**Deux Répertoires** (les).	Michaud et Caron.
3007	**Legros** (scène militaire), par MM. **Maréchal** et **Charlus.**	XXX.
3133	**Ma Bergère** (chanson tyrolienne).	Nivelet.
3138	**Deux Amis** (les) (tyrolienne du Coucou), par MM. **Maréchal** et **Albertini.**	Chaillier.

CHARLUS
de l'Alcazar.

1392	**Idylle Gourdiflette** (avec orchestre).	Nicolay.
4721	**Petite Tonkinoise** (la) (av. orch.).	Scotto.
1550	**Grandes Manœuvres** (les) (avec clairon).	Gangloff.
2576	**Ma Peau d'Espagne** (avec orchestre).	L. Billaut.
1793	**Chauffeur d'automobile** (avec orchestre).	Holzer.
2087	**P'tite Fanchette** (la).	Bunel.
1813	**Ballade des Agents** (la).	Yon-Lug.
4733	**Jolie Boîteuse** (la) (avec orchestre).	Berniaux.
1891	**Haïa** (chanson arabe) (avec orchestre).	Berniaux.
2182	**Ode au Chameau** (avec orchestre).	Laurent de Rillé
1892	**Veines** (les) (avec orchestre).	V. Scotto.
2139	**Piston embarrassé** (le).	Dérouville.
1896	**Candidat muet** (le) (monologue) (avec piston).	Charlus.
1897	**Enterrement de Chapuzot** (l') (scène dialoguée) (avec orchestre).	Charlus.
1944	**Idioties** (chansonnette comique) (avec clarinette).	Yon-Lug.
2631	**Ohé! Dupont, Ohé! Dubois** (avec orchestre).	Bourgès.
2010	**Muet Mélomane** (le) (avec piston).	Garny.
2551	**Femme et la Pipe** (la).	Bourgès.
2124	**A la future Exposition.**	Charlus.
2150	**Serrez vos rangs.**	Bruant.

Charlus, de l'Alcazar (*suite*)

2125	Général ! Caporal ! (monologue).	L. Halet.
2161	Colonel du 603° à la répétition (le) (scène dialoguée) (avec orchestre).	XXX.
2127	Chef d'orchestre (le) (avec orchestre).	J.-N. Kral.
2575	Blagues de l'amour (les).	Christiné.
2138	Un Quadrille à la Préfecture (av. orch.).	Pierret.
2344	Viens, Poupoule (av. orch.).	Spalin.
2151	Noce d'un Chef d'orchestre (la) (av. orch.).	Spencer.
2157	Noce d'un Trombone (la).	Spencer.
2154	Marie ! Marie ! Marie ! (chans. grivoise)(av.orch.).	V. Scotto.
2523	Cachette de Rébecca (la) (monol. très grivois).	L. Guéteville.
2183	Un tas de Bêtises.	E. Poncin.
2943	Cris de Paris (les).	Parisot.
2194	Tribulations d'un Pipelet (les).	XXX.
2881	Mémoires d'une Clarinette (les).	Seigneur.
2209	Paysan Anti-Républicain (le) (récit).	Aillaud-Bunel.
2210	J'menfichiste (le).	Christiné.
2211	V'là le Rétameur.	Christiné.
2507	Ah ! les assassins (monologue).	Mortreuil.
2213	C'est des amoureux (avec orchestre).	Berniaux.
2458	Elle est gentille (chansonnette) (av. orch.).	Borel-Clerc.
2260	Un Coup de soleil.	Gangloff.
4726	Tous en chœur (refrain en chœur) (av. orchestre).	Taillefer.
2520	Cas de Baluchon (le) (monologue).	XXX.
2618	Visite du Major (la).	Charlus.

Chansonnettes et Monologues grivois

1950	Clef du Paradis (la)	E. Spencer.
2882	Pilules de Groscollard (les).	Charlus.
1961	Leçon de Cor (la).	XXX.
2768	Leçon d'Epinette (la).	M. Krysinska.
2079	Fifille à sa Mère (la).	P. Marinier.
2110	... et Merci (avec orchestre).	Christiné.
2116	Baigneuse de Beaucaire (la) (av. orch.).	Villemer-Delormel
4725	Amour noir et blanc (av. orch.).	Christiné.
2128	Baptême en fanfare (le) (avec orchestre).	L. Lust.
2361	Benjolette (la) (avec orchestre).	I. Pontio.
2160	Nuit d'hôtel (avec clairon).	Dufor.
2359	Petit Panier (le) (av. orchestre).	Lust.
2196	Canne-Flûte (la).	Tiska.
2251	Sonnerie d'Alarme (la).	D'Orvict.
2254	Rêve en Auto (avec orchestre).	Nicolay.
2269	Amour muet (l') (avec orchestre).	Berniaux.

PATHÉPHONE, 98, rue de Richelieu, Paris

Charlus, de l'Alcazar (suite)

2258	P'tits Ballons (les) (avec orchestre).	Nicolay.
2272	Tutu panpan ! (Ronde provençale) (av. orch.)	L. Lust.

Monologues pour enfants

2266	Lettres en Chocolat (les).	Louise Fallot.
2268	Rhume de Cerveau (le).	Louise Fallot.

RÉPERTOIRE BOTREL
avec accompagnement d'orchestre

2200	Par le Petit Doigt (duo chanté par Charlus et Mme Pauline Bert).	
2259	Petit Grégoire (le) (chanté par Charlus).	

DUOS

0749	Vingt-huit Jours de Clairette (les). — Duo de Gibard et Michonnet.	V. Roger.
1517	Cinq minutes chez Bruant.	Bruant.
2321	Bois-sans-soif et Bec salé.	XXX.
2337	Gendre et Belle-Mère.	Gangloff.
2336	Oui ma Sargent.	Delormel.
3005	Monômes (les).	Del-Poncin.
3004	Deux Répertoires (les).	Michaud et Caron.
3007	Legros (scène militaire), par MM. Charlus et Maréchal.	XXX.
3029	Vélocipédards (les).	Dérouville.
3039	Alphonse et Nana.	Delormel.
3019	Musique d'antichambre.	Bruet et Guyon fils
3031	Vive la musique militaire, par M. Charlus et Mme Rollini.	XXX.

KAM-HILL
des Concerts Parisiens

1075	Ronde du Garde Champêtre (la).	Bernicat.
1083	Un bal chez l'Ministre.	Jouberti.

DALBRET
de l'Alhambra et des Ambassadeurs

1398	Ailleurs et Partout (grivois) (avec orchestre).	Berniaux.
1426	Comment, l'Amour... c'est ça ! (chanson grivoise) (avec orchestre).	Bresles-Mario
1408	Dans mon vieux Temps ! Sur les motifs de « Spearmint » (av. orch.).	V. Turine.
1433	Cœur d'Enfant (Chanson) (av. orch.).	Dalbret-St-Gilles.

PATHÉPHONE, 98, rue de Richelieu, Paris

Dalbret, de l'Alhambra et des Ambassadeurs *(suite)*.

1424	Poupée de Noël (chanson) (avec orchestre).	Berniaux
1427	Garde-le ma Jolie (chanson légère) (avec orchestre).	Berniaux
1437	Amour malin (l')	Lelièvre et Christiné.
1485	Benjolette (la) (grivois).	I. Pontio.
1448	Petit portrait (le).	G. Picquet.
1518	Chaperon Rouge.	L. Billaut.
1460	Sur la bouche.	Dalbret.
1549	Table (la) (avec orchestre).	L. Lelièvre.
1460	Sur la Bouche.	Dalbret.
4798	J'ai tant pleuré (avec orchestre).	J. Rico.
1468	Maitresse chérie.	XXX.
1552	Ma peau d'Espagne (Matichiche).	Billaut.
1514	Ninon voici les roses (avec orchestre).	J. Darien.
1555	Névrosinette (avec orchestre).	Charton.
1751	Lina.	Symiane.
1753	Trésors de ma mie (les).	Christiné.
1914	J'te l'ai pris.	Mario Garcy.
4793	Jolie Boiteuse (la) (avec orchestre).	Berniaux.
1915	Brevet supérieur (le).	P. Dalbret.
4818	Petite Bretonne (la) (avec orchestre).	Berniaux.
4843	Enchanté d'fairevotr' connaissance (av. orc.)	L. Lelièvre.
4847	Mon poteau (avec orchestre).	Sablon.

GEORGEL
de la Pépinière
avec accompagnement d'orchestre

4696	Elle n'était pas jolie (chanson valse).	Christine.
4719	Jolie Fleur des champs	Thuillier fils.
4700	Regret (le).	Gabaroche.
4704	Bonjour Monsieur Cupidon.	Lincke.
4701	Petit Nid de Pierrot.	Thuillier fils.
4745	Petit Joujou.	Darewsky-Christiné.
4703	Rose à Margot (la).	G. Caye.
4715	Ton cœur a pris mon cœur.	V. Scotto.
4705	Noël de l'Etudiant (le).	Christiné.
4746	Eh ! viens donc Madelon.	Fattorini.
4709	Bonjour l'Amour.	Taillefer.
4716	Mie Jolie.	G. Maquis.

MANSUELLE
des Ambassadeurs
avec accompagnement d'orchestre

2373	Refrains de la Vie (les).	Gavel.
2391	Une Fille aimante.	Legay-Lelièvre.

Mansuelle, des Ambassadeurs (suite).

2376	Rallumez-Pataud.	V. Scotto.
2385	Elle était souriante.	R. Georges.
2377	Respectez les Pochards.	Bourgès.
2384	Petite Marocaine.	Ch. Bourgeois.
2383	J'ai vu la R'vue.	Spencer.
2393	P'tite Branche de Lilas.	Spencer.

VILBERT
de Parisiana
avec accompagnement d'orchestre

2509	Portrait de Victoire (le). (Chansonnette grivoise).	Plaire Lud.
2525	Pas la même Chose (Chanson).	Scotto.
2511	Rédempteur (le) (Chansonnette).	Christiné.
2524	Si t'y vas (comique).	Berniaux.
2513	Il m'instruit (chansonnette comique)	G. Dorfeuil.
2516	Suites d'Ascension (chansonnette militaire).	L. Simon.

LEJAL
de la Scala

4811	J'ai quéqu'chose qui plait (avec orchestre).	Dérouville
4814	Likette (la) (avec orchestre).	Gauwin.

B. BLOCH
(Humoriste Alsacien)

Monologues

2414	Étude sur le Chat (grivois).	B. Baron.
2429	Un Pèlerinage à Saint-Stossârch (grivois).	B. Bloch.
2415	Erreur de M. Eseveulchmôtz (l').	B. Bloch.
2417	Tour de la Cuillère (le).	B. Bloch.

PLÉBINS
des Concerts Parisiens

Monologues comiques

2531	J'm'en fous.	Delormel-Garnier.
2534	Proprios (les).	Plébins-Guéteville.
2567	Faut s'amuser	Maffat-Desmarets.
2572	Un Type économe.	Plébins.
2579	Soldat Roupilleur (le).	Plébins.
2584	Loterie de Montmartre (la).	Rimbault.
2580	Annonces Villageoises (les)	Cernay et Del.
2582	Une femme qui ne vient pas.	Delormel-Garnier.

BERGERET
du Casino de Paris

1187	Cascarinette.	Chaillier.
1226	Boléro de l'Etudiant (le).	L'Huillier.
1191	Chercheuse de Clair de Lune (la).	Lisbonne.
1194	Ma Bergère.	Nivelet.
1195	Monsieur Beautemps.	Chaillier.
1248	Marchand d'Ocarinas (avec ocarina).	XXX.
1230	Oiseaux en fête (les).	A. Petit.
1238	Tyroliennomanie.	XXX.
1240	Amour et Mandoline.	L. André.
1242	Biche au Bois (la).	L. Bousquet.

CHARLESKY
Tyroliennomaniste de l'Alhambra
avec accompagnement d'orchestre

1177	Titi tyrolien (le).	Charlesky.
1258	Berger philosophe (le).	Charlesky.
1199	Roi des Tyroliens (le).	Charlesky.
1245	Mon beau Tyrol.	Charlesky.

CHAVAT & GIRIER
de la Scala

2237	Un marchand de vin qui n'entend rien.	
2244	Réservistes rigolos (les).	
2243	Quelle femme est-ce ?	
2247	Lettre anonyme.	

EUG. LEMERCIER
Chansonnier Montmartrois

2350	Maîtresse d'homme marié.	XXX.
2358	Réponses imprévues (les).	E. Spencer.

MINSTRELS PARISIENS
des Concerts Parisiens

1412	Sérénade à Paméla.	Garnier.
1417	Souviens-toi (chanson napolitaine).	Poncin.

VALLEZ
des Concerts Parisiens

2805	Lettre du Vendredi-Saint.	Gramet et Chicot.
2810	Lettre incohérente.	Gramet et Chicot.
2811	Je m' suis roulé.	Rimbault.
2813	Avec la demi-mondaine.	XXX.

BUFFALO
du Cabaret Bruant

1524	Cent-treizième de ligne (le).	Bruant.
1581	Serrez vos rangs.	Bruant.

Mme LANTHENAY
de la Scala

Avec accompagnement d'orchestre

2908	Profitons du Printemps.	Borel-Clerc.
2909	Choix de Margoton (le). (Diction).	Scotto.
2920	Un p'tit Baiser (Chanson).	Borel-Clerc.
2935	Caresses (les) (Chanson).	Dérouville-Tassin.
2931	Paris-Printemps (Chanson-Marche).	L. Nicoli.
2936	Cœur de Ninon (le) (Sur l'air de « Tesoro Mio »).	Millandy-Becucci.

Mme YVETTE GUILBERT
Etoile des Concerts Parisiens

1452	Pocharde (la).	Byrec.
1481	Fiacre (le).	Xanrof.

Mme ESTHER LEKAIN
de Parisiana

1926	Pavane (la).	Yargues.
1928	P'tit cochon d'amour	XXX.

Mme LISE MARREL
du Théâtre Royal de Liège

Avec accompagnement d'orchestre

3175	Chanson des Larmes (la).	Drouillon.
3177	M'aimez-vous ? (Valse chantée).	P. Bades.

Mme MIETTE
de la Scala

1757	Perrette (chansonnette).	I. Pontio.
1759	Chanson nègre.	I. Pontio.

Mme PAULINE BERT
de Parisiana

avec accompagnement d'orchestre

2131	Un p'tit coup d'piston (Chanson).	Gauwin-Daris.
2155	Ce que sont les Femmes (Chanson).	Charton.

PATHÉPHONE, 98, rue de Richelieu, Paris

Mme Pauline Bert, de Parisiana *(suite)*.

Rondes Enfantines

2216	Bonne Aventure (la). — Il était une Bergère	Ch. Lebouc.
2217	Sur le Pont d'Avignon...	Ch. Lebouc.
2217	Sur le Pont d'Avignon...	Ch. Lebouc.
2218	Compère Guilleri. — Trempe ton Pain...	Ch. Lebouc.

MME ROLLINI
des Folies-Bergère

1202	C'est dans l'nez qu'ça m'chatouille.	Hervé.
1213	Chercheuse de Clair de Lune (la).	Lisbonne.
1208	Chanson du Cornemuseux (la).	Chaillier.
1210	Fleur du Tyrol (la).	Planquette.
1212	Cascarinette.	Chaillier.
1221	Pâtre des Montagnes (le).	Provandier.

DUOS

3029	Vélocipédards (les).	Dérouville.
3039	Alphonse et Nana.	Delormel.
3019	Musique d'antichambre.	Bruet et Guyon fils.
3031	Vive la Musique militaire, par Mme Rollini et M. Charlus.	XXX.

DÉCLAMATION

DE FÉRAUDY
(de la Comédie-Française)

2851	Disque et le Train (le).	H. de Bornier.
2865	Mondanité.	De Féraudy.
2880	Animaux malades de la Peste (les).	La Fontaine.
2894	Besace (la). — Le Laboureur et ses Enfants.	La Fontaine.
2901	Cinq Étages (les).	Béranger.
2903	Ame d'un Violon (l').	De Féraudy.
2901	Cinq Étages (les).	Béranger.
2904	Fleurs et les Femmes (les). — L'Éléphant et le Pain à Cacheter.	De Féraudy.

PATHÉPHONE, 98, rue de Richelieu, Paris

ORCHESTRE TZIGANE

Direction F. FALK.

8965	Or et l'Argent (l').	F. Lehar.
8969	Schankel-Walzer (Ah ! qu'on est bien).	Ollaender.
8966	Fascination (valse).	Marchetti.
8981	Baiser (le) (valse lente)	Crémieux.
8970	Vous êtes jolie.	P. Delmet.
8973	C'que tu m'as fait.	Christiné.

ORCHESTRE TZIGANE
(Enregistré à Vienne)

51044	An der schönen blauen Donau (Sur le beau Danube bleu) (valse).	Strauss.
51047	Die letzten Tropfen (Les Dernières Gouttes) (valse).	Kratzl.
51046	Fledermaus-Walzer (Valse de la Chauve-Souris).	Strauss.
51048	Schatz-Walzer aus " Zigeunerbaron " (Valse de l'Aimée de Zigeunerbaron).	Strauss.

PATHÉPHONE, 98, rue de Richelieu, Paris

ORCHESTRE

Ouvertures

5000	Cavalerie légère.	Von Suppé.
6307	Diamants de la Couronne (les).	Auber.
5001	Caïd (le).	A. Thomas.
5011	Italienne à Alger (l').	Rossini.
5008	Poète et Paysan (1re partie).	Von Suppé.
5012	Poète et Paysan (2e partie).	Von Suppé.
5019	Fête Provençale.	Popy.
6302	Cavalerie Légère.	Von Suppé.
5023	Poupée de Nuremberg (la).	Adam.
5029	Zampa (2e partie).	Hérold.
5027	Zampa.	Hérold.
5122	Voyage en Chine (le).	Bazin.
5028	Calife de Bagdad (le).	Boëldieu.
5038	Ouverture du Voyage en Chine.	Bazin.
5030	Chasse du Jeune Henri (la).	Méhul.
6314	Ambassadrice (l').	Auber.
5039	Carmen.	Bizet.
6308	Ouverture de Concert (1re partie).	Giraud.
5132	Finale de l'Italienne à Alger (n° 1).	Rossini.
5133	Finale de l'Italienne à Alger (n° 2).	Rossini.
6301	Domino Noir (le).	Auber.
6310	Sémiramis.	Rossini.
6303	Si j'étais Roi.	Adam.
6306	Guillaume Tell (3e partie) finale.	Rossini.
6304	Guillaume Tell (1re partie) l'orage.	Rossini.
6305	Guillaume Tell (2e partie) Le Ranz des vaches.	Rossini.
6309	Ménétrier de Saint-Wast (le).	Harman.
6326	Fée Printemps (la).	Andrieu.

Fantaisies

5010	Grande Duchesse de Gérolstein (la).	Offenbach.
5015	Robin des Bois.	Weber.
5014	Giroflé-Girofla.	Lecocq.
6415	Mam'zelle Quatr'Sous.	Planquette.
5018	Ombre (l').	Flotow.
5108	Jour et la Nuit (le).	Lecocq.
5085	Cavalleria Rusticana (Sicilienne) (avec solo de piston).	Mascagni.
6351	Don Pasquale (avec solo de hautbois).	Donizetti.
5086	Cloches de Corneville (les) (2e partie).	Planquette.
5087	Cœur et la Main (le).	Lecocq.
5095	Etoile du Nord (l') (1re sélection).	Meyerbeer.
6361	Dragons de Villars (les) (1re fantaisie).	Maillart.

PATHÉPHONE, 98, rue de Richelieu, Paris

Fantaisies (suite)

5099	Fille du Tambour-Major (la) (Ire partie)	Offenbach.
5101	Fille du Tambour-Major (la) (2e partie).	Offenbach.
5110	Faust (chœur des Soldats).	Gounod.
5111	Juive (la).	Halévy.
5114	Mireille.	Gounod.
5115	Lucie de Lammermoor.	Donizetti.
5120	Mousquetaires au Couvent (les).	Varney.
5125	Noces de Jeannette (les).	V. Massé.
5130	Petit Duc (le).	Lecocq.
5170	Manon (Duo du 1er acte).	Massenet.
6352	Vingt-huit jours de Clairette (les).	V. Roger.
6389	Muette de Portici (la).	Auber.
6364	Africaine (l'). — Chœur des Évêques.	Meyerbeer.
6370	Carmen.	Bizet.
6373	Faust. — Chœur des soldats.	Gounod.
6395	Faust. — Air de la coupe (solo de piston).	Gounod.
6391	Premier jour de bonheur (le).	Auber.
6393	Voyage de Suzette (le).	Vasseur.

Marches de Concert

5352	Marche d'Aïda.	Verdi.
6366	Lohengrin (marche des Fiançailles).	Wagner.
5354	Marche Hongroise.	Rackoczy.
6039	Corso Blanc (le).	H. Tellam.
5355	Caravane arabe.	Goeslett.
6182	Los Banderilleros (marche espagnole).	Volpatti.
5363	Troisième Marche aux Flambeaux.	Meyerbeer.
5390	Marche Romaine de Vercingétorix.	Clérice.
5364	Marche Persane (avec cloches).	Fahrbach.
5382	Ronde de Nuit.	Manotte.
5370	Marche du Tannhäuser.	Wagner.
6638	Marche du Sacre du Prophète.	Meyerbeer.
5505	Zoological Garden (marche américaine).	Thuillier fils.
6475	Patrouille Turque.	Michaëlis.
5507	Marche héroïque.	V. Thiels.
6063	Marche Indienne.	Sellénick.
6096	Enghien.	Meunier.
6192	Marche des Cosaques.	Sellénick.
6621	Gourko (marche héroïque des Balkans).	Janin-Jaubert.
6638	Marche du Sacre du Prophète.	Meyerbeer.

Morceaux de Genre et Airs de Ballets

5091	Danse Macabre (Poème symphonique).	Saint-Saëns.
6460	Ballet Egyptien (N° 1).	Luigini.
5139	Sérénade de Schubert.	Schubert.
6438	Prélude du Déluge.	Saint-Saëns.

Morceaux de genre et airs de ballets (suite)

6453	Napoli (tarentelle).	Mezacapo.
6865	Paloma (la) (bahanera).	Corbin.
6467	Arlésienne (l') (prélude).	Bizet.
6468	Arlésienne (l') (menuet).	Bizet.
6469	Arlésienne (l'). N° 3 Adagietto.	Bizet.
6470	Arlésienne (l'). N° 4 Carillon.	Bizet.
6471	Arlésienne (l'). N° 5 Pastorale.	Bizet.
6472	Arlésienne (l'). N° 6 Intermezzo.	Bizet.
6499	Petit-Fils et Grand-Père (Gavotte).	Volk.
6860	Gavotte Trianon.	Vivier.
6846	Annette et Lubin (gavotte).	Durand.
6847	Bengali-Gavotte.	C. Haring.
6851	Menuet Caprice.	Parès.
7213	Madrigal François Ier.	Lamotte.
6853	Babillage.	Gillet.
7204	Sérénade de Gillotin.	Goublier.
6858	Gavotte Noëlie.	Haring.
7219	Gavotte Stéphanie.	Czibulka.
6863	Gavotte Isabelle.	Turine.
7225	Gavotte Ninon.	Parès.
6864	Amour discret.	Resch.
7212	Menuet de Boccherini.	Boccherini.
7119	Ballet de Faust (N° 1).	Gounod.
7120	Ballet de Faust (N° 2).	Gounod.
7121	Ballet de Faust (N° 3).	Gounod.
7122	Ballet de Faust (N° 4).	Gounod.
7182	Danse des Lutins.	Eilenberg.
8209	Gouttelettes (les) (tyrolienne pour 2 pistons).	Folier.

Morceaux religieux

6014	Ave Maria.	Gounod.
6521	O Salutaris.	Kling.

Valses

5501	Quand l'Amour meurt.	Crémieux.
6680	Illusion d'Amour.	Borel-Clerc.
6501	Christmas (avec cloches).	Margis.
7253	Tesoro Mio.	Becucci.
6644	Alpes (les).	Schmidt.
6645	Parfums capiteux.	Klein.
6652	Valse des Cambrioleurs.	E. Vasseur.
7353	Amoureuse.	Berger.
6653	Tour du Monde (le).	O. Métra.
7286	J'ai tant pleuré (valse lente).	Rico.
6656	Juanita.	Cairanne.
6660	Jolie Patineuse (la).	Bagarre.

Valses (suite)

6657	Valse câline (valse lente).	V. Turine.
6666	Rose Mousse (valse lente).	A. Bosc.
6657	Valse câline (valse lente).	V. Turine.
6679	Fascination.	Marchetti.
6661	Valse bleue.	Margis.
6662	España.	Chabrier-Waldteufel.
6661	Valse bleue.	Margis.
7321	Théresen.	Carl Faust.
6662	España.	Chabrier-Waldteufel.
7322	El Guadalquivir	Maquet.
6667	Bas noirs (les).	Maquis.
7316	Ninon, voici les Roses.	J. Darien.
6670	Venezia.	Desormes.
7305	Vague (la).	O. Métra.
6672	Juana.	Mélé.
6673	Amoureuse.	Allier.
6674	Mon beau Ciel de Hongrie.	Rodel.
6676	Ravissement.	Leduc.
6675	Un peu, beaucoup, passionnément.....	Fauchet.
6677	Argentine.	Dupetit.
7252	Amour et Printemps.	Waldteufel.
7284	Cœur de Madeleine (le).	R. Georges.
7256	Quand l'Amour meurt.	Crémieux.
7315	Sourire d'Avril.	Deprat.
7258	Cloches de Corneville (les).	Planquette.
7280	Beau Danube bleu (le).	Strauss.
7279	Nuit (la).	O. Métra.
7314	Feuilles du matin (les).	Strauss.
7279	Nuit (la).	O. Métra.
7328	Constellations.	Reynaud.
7302	Santiago.	Corbin.
7309	Rose Mousse (valse lente).	A. Bosc.
7304	Violettes (les).	Waldteufel.
7345	Dolorès.	Waldteufel.
7329	Parfum d'éventail.	Nico-Chika.
7356	Câline.	Penauille.
7330	Valse de la Fille de Mme Angot.	Lecocq.
7336	Valse des Blondes.	L. Ganne.
7331	Hirondelles de Village (les).	Strauss.
7340	Monte-Cristo.	Kotlar.
7337	Aimer toujours.	Paradis.
7339	Sphinx.	Popy.

Polkas

6034	En revenant de la Revue.	Desormas.
6494	Belle Meunière (la) (avec cloches).	Parès.

Polkas (suite)

6090	Charrette (la) (polka-marche).		Antonin Louis.
6493	Poisson d'Avril (polka-marche avec cloches).		G. Allier.
6487	Polka originale (avec cloches).		Bellanger.
6719	Séduisante (la).		Daunot.
6573	En Goguette.		Wesly.
7826	Polka des Officiers.		Fahrbach.
6588	Mattchiche (la).		Borel-Clerc.
6726	Pour les Bambins.		Fahrbach.
6635	Marche Lilloise (marche).		Leduc.
6696	Au Moulin (imitations).		Petit.
6683	Aoh ! Yès.		Maquet.
6684	Tyrolienne.		Laffitte.
6693	Polka des Bébés (avec fouet et grelots).		Buot.
7802	Bella Bocca.		Waldteufel.
6701	Lafleurance (pour flûte).		Mayeur.
6705	Colibri (le) (pour flûte).		Sellénick.
6709	Moutons (les) (polka comique).		Tourneur.
6711	Amour malin (l') (polka-marche).		Neil-Moret.
6716	Bella Bocca.		Waldteufel.
6717	Musotte.		Cairanne.
6735	Polka de Polichinelle.		Corbin.
7889	El Kantara.		Ville d'Avray.
6743	Sifflez, Pierrettes (polka originale).		Popy.
7811	Estudiantina (la).		O. Métra.
6745	Caille et Coucou (polka originale).		Flèche.
7870	Polka des Cri-Cri.		Grand.
6697	Chanson des Bois.		Sambin.
6747	Bagatelle (avec cloches).		Fournier.
6748	Ça pousse !		Perpignan.
6884	Ah ! aï Lah ! (danse nègre).		Bidan.
7089	Max ! (Polka sifflée).		W. Salabert.
7852	Sans se biloter.		Charton.
7135	Belle Meunière (la) (pour cloches).		Parès.
7139	Suévroise (la) (avec cloches).		Eustace.
7207	Kraquette (la) (danse américaine).		J. Clérice.
7807	Ma Ninette.		Gauwin-Guille.
7805	Polka des Clowns.		G. Allier.
7844	Polka des Pipelets.		H. José.
7808	Amour malin (l')		Neil-Moret.
7855	Cette petite femme-là.		Turlet-Christ.
7816	Polka des Eunuques (polka orientale).		Corbin.
7857	Poignée de mains.		Corbin.
7817	Forgerons (les) (imitations).		Bléger.
7821	Moulinet-Polka.		Strauss.

Polkas (suite)

7819	Verre en main (le).	Fahrbach.
7883	A la Française.	Rollé.
7829	Tararaboum.	Michiels.
7843	Calinette.	Galle.
7829	Tararaboum.	Michiels.
7866	Polka des Pachas.	G. Allier.
7835	Villageoise (la) (pour hautbois) (introduction de la polka).	Fournole.
7836	Villageoise (la) (pour hautbois) (polka).	Fournole.
7853	Polka des Boulevardiers.	Berget.
7874	Midinettes (les).	Daunot.
7859	Villageoise (la) (polka bretonne).	Debernardi.
7862	Jocrisse et Biribi.	E. Choquard.

Mazurkas

6445	Bourrée du Velay.	Thomas.
6496	Cloches de Mai (avec cloches).	Von Dittrich.
6492	Pic Vert (le) (avec cloches).	XXX.
6752	Cloches de Mai (avec xylophone).	Von Dittrich.
6625	Viva España (marche espagnole).	Romsberg.
6767	Câline.	Petit.
6753	Gage d'Amour (arrangé par Mullot).	E. Marie.
6758	Mousmé (la) (mazurka japonaise).	Ganne.
6753	Gage d'Amour (arrangé par Mullot).	E. Marie.
6763	Fleur d'Antan.	Signard.
6755	Valérie.	Meister.
6760	Grande Duchesse Olga (la).	Choquart.
6757	Sous les Tilleuls.	Griffon.
7909	Souvenir de Baden-Baden.	Sellénick.
6758	Mousmé (la) (mazurka japonaise).	Ganne.
7902	Czarine (la).	Ganne.
6759	Jaloux et Coquette.	Corbin.
6761	Premier Pas (le).	Labit.
6759	Jaloux et Coquette.	Corbin.
6786	Mimi Pinson.	Allier.
6771	Au Bord de la Loire.	Eustace.
6807	Pas des patineurs (arrangé par Farigoul).	Jouve.
6773	Bergères Watteau (pour hautbois).	Corbin.
6775	Bergères Watteau (pour clarinette).	Corbin.
6781	Panache et Pompon.	Andrieu.
7903	Doux Regard.	F. Sali.
6786	Mimi Pinson.	Allier.
7939	Hommage aux Dames.	Govaert.
7900	Carte Postale.	Strobl.
7910	Brise embaumée.	E. Launay.
7905	Emma.	Bru.
7998	Bien faire.	Maquet.

Mazurkas (suite)

7913	Enfants terribles (les).	Corbin.
7943	Floréal.	Corbin.
7928	Tzigane (la).	Ganne.
7999	Auvergnate (l') (mazurka-bourrée).	Ganne.

Scottishs

6502	Lucette.	Duclus.
7555	Petite Tonkinoise (la).	Scotto.
6800	Royal-Cortège.	Cairanne.
6812	Ciel de Provence.	Cairanne.
6804	Perruche et Perroquet.	Corbin.
6806	Scottish des Pierrots.	A. Lamotte.
6811	Modern-Style.	Berger.
7554	Eggitna.	Florian-Jullian.
6813	Etoile du Berger (l').	Cairanne.
7566	Sous les Platanes.	Cairanne.
6830	Pas de Quatre.	Meyer-Lutz.
7560	Rosalba.	Eustace.
7152	Air de ballet.	Baudonck.
7563	Scottish des Cloches.	Bagarre.
7550	Amitié.	Chambroux.
7551	Blanche de Castille.	Bléger.
7552	Sabrette.	Wittmann.
7554	Eggitna.	Florian-Jullian.
7553	Scottish du Carillon.	Corbin.
7559	Pas des Patineurs.	E. Jouve.
7556	Scottish des Pierrots.	A. Lamotte.
7558	Perruche et Perroquet.	Corbin.

Quadrilles

6870[1]	Lanciers anglais (les) Ire figure.	O. Métra.
6870[2]	Lanciers anglais (les) 2e figure.	O. Métra.
6870[3]	Lanciers anglais (les) 3e figure.	O. Métra.
6870[4]	Lanciers anglais (les) 4e figure.	O. Métra.
6870[5]	Lanciers anglais (les) 5e figure.	O. Métra.
6890	Jongleur Galop (pour xylophone).	Von Dittrich.
6871[1]	Vie Parisienne (la) Ire et 2e figures.	Offenbach.
6871[2]	Vie Parisienne (la) 3e et 4e figures.	Offenbach.
6871[3]	Vie Parisienne (la) 5e figure.	Offenbach.
7873	Nachtigall (Polka du Rossignol).	Moos Siebold.
7962[1]	Mascotte (la) Ire, 2e et 3e figures.	Audran.
7962[2]	Mascotte (la) 4e et 5e figures.	Audran.
7963[1]	Orphée aux Enfers (Ire et 2e figures).	Offenbach.
7963[2]	Orphée aux Enfers (3e et 4e figures).	Offenbach.
7963[3]	Orphée aux Enfers (5e figure).	Offenbach.
7199	Polka des Oiseaux.	L. Conor.

Marches, Danses étrangères et originales

6588	**Mattchiche** (la) (danse espagnole).	Borel-Clerc.
6845	**Malaga** (boléro).	Adriet.
6892	**Croupionnette** (la) (danse originale).	José.
6896	**American-Parade** (marche caractéristique).	Frémaux.
6921	**Gigue** (la)	B. Godard.
7269	**Oh ! Oh ! Antonio** (valse anglaise).	XXX.
7050	**The Washington-Post.**	Sousa.
7206	**Mattchiche** (la).	Borel-Clerc.
7054	**El Capitan.**	Sousa.
7086	**The Stars and Stripes for ever.**	Stoupan.
7056	**The Bell of Chicago.**	Sousa.
7057	**The Thunderer.**	Sousa.

Hymnes et Airs nationaux

4000	**Marseillaise** (la).	Rouget de l'Isle
4077	**Hymne National Norvégien.**	Deplace.
4001	**Hymne national russe.**	XXX.
4074	**Chant national et Hymne de Riego.**	Deplace.
4070	**Brabançonne** (la).	Deplace.
4071	**God save the King.**	Fitz-Gérald.

Chants Révolutionnaires

6893	**Internationale** (l').	Degeyter.
6895	**Carmagnole** (la).	Birard.

Marches, Défilés et Pas redoublés

6015	**Roi des Mers** (le).	Gurtner.
6031	**En bon ordre.**	A. Petit.
6018	**Papa l'Arbi.**	Péricat.
6053	**Retraite de Crimée.**	Magnier.
6020	**Aux Armes.**	Bosc.
6123	**Boccace !**	Von Suppé.
6022	**Complégnois** (le).	Leblan.
6032	**Cordialement.**	Perpignan.
6024	**Cadets de Russie** (les).	Sellénick.
6187	**Glorieux Soldats.**	F. Sali.
6025	**Cadets de Brabant** (les).	V. Turine.
6138	**Triomphe.**	Popy.
6027	**Paris-Bruxelles.**	V. Turine.
6107	**Grognard** (la).	G. Parès.
6033	**Entente Cordiale.**	Allier.
6034	**En revenant de la Revue** (polka-marche).	Desormes.
6038	**Marche des Bobonnes.**	Diodet.
6632	**Marche Italienne.**	Rousseau.

Marches, Défilés et Pas redoublés (suite)

6040	Jacob.	Turine.
6198	Ké-son.	Bidegain.
6043	Algérien (l').	Goueytes.
6084	Alsacien (l').	E. Launay.
6047	Michel Strogoff.	Artus.
6612	Union Française (l').	Griffon.
6048	Défilé « Harmonie Pathé ».	Bellanger.
6093	Défilé des Nations.	Frémaux.
6049	Défilé de la Garde Républicaine.	Wettge.
6101	Défilé de Longchamp.	Grognet.
6049	Défilé de la Garde Républicaine.	Wettge.
6605	Salut lointain.	Doring.
6051	Mes Adieux au 63ᵉ de Ligne.	Binot.
6525	Marche Caucasienne.	Garciau.
6059	Marche Russe.	Ganne.
6631	Marche des Gardes Françaises.	Boisson.
6065	Ronde des Petits Pierrots.	A. Bosc.
6133	Ronde des Bébés.	A. Bosc.
6066	Semper Fidelis.	Sousa.
6566	Brave Homme (le).	A. Petit.
6072	Salut à Copenhague.	Fahrbach.
6103	Saint Cyrienne (la).	Houziaux.
6073	Sambre-et-Meuse.	Planquette-Rauski.
6534	Passage du Grand-Cerf (le).	Blémant.
6074	Valeur Française.	Fontenelle.
6636	Entrée des Gladiateurs.	Fucik.
6091	Cyrano de Bergerac (pas redoublé).	Allier.
6092	Marche du 135ᵉ de ligne (défilé).	Rouveyrolis.
6097	Trompette (Marche).	Parès.
6145	115ᵉ de Ligne (le) (Défilé).	André.
6103	Saint-Cyrienne (la).	Houziaux.
6110	Marsouin (le).	Sibillot.
6120	Grondeur (le).	Gurtner.
6567	Crocodile (le).	Ch. Leroux.
6120	Grondeur (le).	Gurtner.
6599	Fives-Lille.	Sellénick.
6128	Sous l'Aigle double.	Wagner.
6560	Sambre-et-Meuse.	Planquette-Rauski.
6154	Mes Adieux à la Hongrie.	Fahrbach.
6532	Entraînant (l').	Marin.
6163	Tout Paris (le).	A. Loger.
6626	Bombardier (le).	Parès.
6524	Kléber-March.	F. Sali.
6628	Marche du Phono-Cinéma.	Bellanger.

PATHÉPHONE, 98, rue de Richelieu, Paris

Marches, Défilés et Pas redoublés *(suite).*

6560	Sambre-et-Meuse.	Planquette-Rauski.
6574	Jacob.	Turine.
6565	Petit Quinquin (le).	Mastio.
6619	Fraises (les).	Parès.
6581	Marche Tzigane.	Reyer.
6632	Marche Italienne.	Rousseau.
6622	Salut à Milan.	Andrieu.
6553	Salut à l'Alsace.	Sali.
6623	Œil et Bras.	Canivez.
6624	Grand Danton (le).	Adriet.

Soli d'instruments divers

5094	Cavatine d'Ernani (solo de piston).	Verdi.
8050	Barbier de Séville (le) (solo de piston).	Rossini.
5152	Carnaval de Venise (solo de flûte).	Génin.
6715	Merle blanc (le) (solo de flûte).	Damaré.
6357	Erwin (solo de clarinettes).	Meister.
6358	Erwin (solo de clarinettes) (suite).	Meister.
6448	Emma Livry (Introduction pour clarinette).	Pirouelle.
7806	Emma Livry (polka pour clarinette).	Pirouelle.
6456	Chanson des Nids (solo de clarinette).	V. Buot.
6703	Deauville (polka pour clarinette).	Corbin.
6691	Gracieux Murmures (polka pour flûte).	Maquet.
8450	Bruxelles (polka pour flûte).	Batifort.
6689	Bengali (le) (polka pour flûte).	Bougnol.
7109	Gavotte de Mignon (solo de flûte).	A. Thomas.
6690	Gracieux Murmures (polka pour piston).	Maquet.
8154	Etoile Parisienne.	Destrot.
6694	Bruxelles (polka pour piston).	Batifort.
7934	Triolette (mazurka pour piston).	Loger.
6701	Lafleurance (solo de flûte).	Mayeur.
6705	Colibri (le) (polka pour flûte).	Sellénick.
6704	Après la Guerre (polka pour piston).	Rohault.
6736	Aigrette (polka pour piston).	F. Sali.
6707	Madeleine (polka pour piston).	A. S. Petit.
8120	Ah! vous dirai-je, maman (solo de piston).	Reynaud.
6708	Tourterelle (la) (polka pour flûte).	Damaré.
6710	Murmures de la Forêt (les) (polka pr flûte).	Soulaire.
6730	Coquerico (solo de piston).	Turlais-Belval.
8090	Il pleut, Bergère (solo de piston).	J. Reynaud.
6740	Etoile d'Angleterre (l') (solo de piston).	Lamotte.
8117	Hylda (solo de piston).	J. Reynaud.
6744	A deux (pour flûte et piston).	Desormes.
8200	Adam et Eve (soli de piston).	J. Reynaud.

PATHÉPHONE, 98, rue de Richelieu, Paris

Soli d'instruments divers (*suite*).

6774	Bergère Watteau (Mazurka pour flûte).	Corbin.
7229	Volière (la) (solo de flûte).	A. Douard.
6801	Carillon printanier (solo de xyloph. av. cloches).	Lacroix.
8918	Au Clair de la Lune (solo de xylophone).	Janin.
6901	Fantaisie brillante (solo de xylophone).	Dittrich.
8911	Carnaval de Venise (pour xylophone)..	Boettge.
7835	Villageoise (la) (introduction pour hautbois).	Fournole.
7836	Villageoise (la) (polka pour hautbois).	Fournole.
7924	Une Soirée près du Lac (introduction pour hautbois).	Leroux.
7924bis	Une Soirée près du Lac (mazurka pour hautbois).	Leroux.
8067	Jérusalem (solo de piston).	Verdi.
8095	Eva (polka pour piston).	A.-S. Petit.
8097	Myrto (solo de piston).	A.-S. Petit.
8156	Messager d'Amour (solo de piston).	Wittmann.
8128	Etoile du Casino (solo de piston).	Guille.
8172	Gracieuse (solo de piston).	Kock.
8205	Deux Bavards (les) (polka pour 2 pistons).	F. Andrieu.
8215	Merle et Pinson (polka pour 2 pistons).	J. Reynaud.
8212	Triplette (soli de pistons et flûte).	Maquet.
8219	Rossignol et Fauvette (soli de piston).	E. Launay.
8452	Méli-Mélo (polka pour flûte).	Mélé.
8468	Rondo (solo de flûte).	Donjon.
8454	Cécile (polka pour flûte).	Billaut.
8459	Boléro (solo de flûte).	Leblond.
8457	Gentil Babil (solo de flûte).	Suzanne.
8476	Flûte enchantée (la) (solo de flûte).	XXX.
8464	Piccolo Polka (solo de flûte).	Damaré.
8474	Virtuosité (polka pour flûte).	Ligner.
8488	Une Simple Idée (pour hautbois et flûte, n° 1).	Leroux.
8489	Une Simple Idée (pour hautbois et flûte, n° 2).	Leroux.

Soli de Violon

6506	Tesoro Mio (avec orchestre).	Becucci.
5510	Carnaval de Venise (le) (thème et var.) (av. orch.).	Paganini.
5508	Déluge (le). — Fragment (avec orchestre).	Saint-Saëns.
5512	Pré-aux-Clercs (le).— Fantaisie (avec orchestre).	Hérold.
8505	Gavotte.	Bach.
8506	Humoresk.	Tor-Aulin.
8507	Abendlied.	Schumann.
8508	Allegro.	Bach.
80494	Valse des Rubis.	Virgilio.
80495	Il Re Olafe (ballata).	Pacchierotti.

PATHÉPHONE, 98, rue de Richelieu, Paris

Soli de violon (suite)

80496	Celebre Meditazione.	Braga.
80498	Romanza.	Svendsen.
80499	Assolo nel' opera Thaïs.	Massenet.
80507	Stabat Mater.	Rossini.
80510	Loin du Bal (valse).	E. Gillet.
80514	A Galoppo.	Ranzato.
80527	Berceuse.	Ranzato.
80530	Madrigale.	Simonetti.
80528	Noris (1re partie) (valse d'or).	Gugo.
80529	Noris (2e partie) (valse d'or).	Gugo.
80531	Serenata.	Ciléa.
80532	Celebre Gavotta.	Lulli.
80533	Rigoletto.	Verdi.
80535	Mignon. — Non conosci il bel suol !	A. Thomas.
80743	Ape (l') (Scherzo).	XXX.
82124	Lucrezia Borgia.	Donizetti.
80746	Mignon (fantaisie).	A Thomas.
82133	Gloriosa Bandiera (la).	XXX.
82130	Traviata (la) (valse).	Verdi.
82132	Estudiantina (valse).	Lacôme.

Soli de Violoncelle
Exécutés par M. BÉDETTI, de l'Opéra-Comique
avec accompagnement d'orchestre

8520	Méditation.	Papin.
8524	Andante.	Goltermann.
8522	Werther (solo du Clair de Lune).	Massenet.
8530	Walkyrie (la) (chant d'amour).	Wagner.
8526	Cygne (le).	Saint-Saëns.
8527	Jocelyn (berceuse).	B. Godard.
8529	Caprice Hongrois.	XXX.
8531	Maîtres Chanteurs (les).	Wagner.

Soli de Mandoline

82112	Régiment qui passe (le).	XXX.
32114	Rabadan (polka).	XXX.
82104	Loin du Bal (valse).	E. Gillet.
82116	Changez la Dame (polka).	XXX.

Soli d'Accordéon
Exécutés par M. CHARLIER, accordéoniste liégeois

9600	Retour de Seraing (marche).	
9601	Orfelia (valse).	
9600	Retour de Seraing (marche).	
9604	Marche des Lutteurs.	
9602	Zizi (polka).	
9603	Original (mazurka).	

Musique humoristique

6191	Retraite aux Flambeaux.	L. Mayeur.
6442	Monsieur, Madame et Bébé.	Pillevestre.
7363	Chez l'Horloger (imitations).	Orth.
8031	Express-Orient (galop imitatif).	Boisson.

Trompettes de Cavalerie

6970	Sonnez trompettes.	Causy.
6971	Garde à vous. — Marche des Canonniers de Lille.	Senée.
8819	Simplette (valse).	Causy.
8820	Fleur de Printemps (mazurka).	Causy.
8821	Aux Pyrénées (boléro).	Causy.
8822	Rapide (galop).	Causy.

Trompes de Chasse

6962 **Chabrillant** (la) (fantaisie avec carillon).
8757 **Introduction de la Messe de Saint-Hubert.**
8707 **Lièvre** (le). — Le Renard. — Le Blaireau. — La Quatrième tête Bourbon. — La Retraite de la grâce. — Le Bonsoir (soli).
8710 **Cerf** (le). — 1re, 2e, 3e, 4e et 5e Tête. — Dix-Cors (soli).
8750 **Delanos** (la). — La de Laporte. — Rallye-Ardennes (trio).
8755 **Bec de Lièvre** (la). — La Cornu. — Les Pleurs du Cerf (trio).
8756 **Point du Jour** (le). — La Mollard. — La Lebret (trio).
8757 **Introduction de la Messe de Saint-Hubert** (quatuor).

QUATUORS

8770 **Hallali** (l'). — Les Animaux en compagnie. — La Curée.
8771 **Cerf** (le). — 1re tête. — 2e tête. — 3e tête. — Dix-Cors.
8772 **Adieux des Maîtres.** — Adieux des Piqueurs. — Bonsoir des Chasseurs.
8774 **Sanglier** (le). — Le Chevreuil. — Le Daim. — Le Louvart.
8777 **Robin des Bois.**
8786 **Rallye-Lorraine** (pas redoublé).

Répertoire FLAMAND-WALLON

J. WILLEKENS & Mme LÉONNE

9059	Tramway Bruxellois.	Willekens.
9225	Bourgmestre à l'Ecole de Steenokerzele (le) (avec orchestre).	Mme Léonne.
9093	Chez le Dentiste.	Willekens.
9094	Tapage nocturne.	Willekens.
9178	Retournez le Coussin S. V. P.	Mme Léonne.
9228	Folie d'Amour.	Mme Léonne.
9181	Devant le Juge.	Mme Léonne.
9186	Kermesse de Schaerbeck.	Debaets.
9188	Tram électrique.	Willekens.
9199	Bourgemaster in het School van Steenokerzele (avec orchestre).	Mme Léonne.
9198	Agent et Colporteuse.*	Willekens.
9239	Marché aux Poissons.	Willekens.
9232	Deux Bruxellois au Métropolitain de Paris (avec orchestre).	Mme Léonne.
9234	En route pour le Congo (avec orchestre).	Willekens.

Mme MARS MONCEY & M. DUTREUX

9102	Chez le Dentiste.	Willekens.
9104	Tapage nocturne.	Willekens.

DISQUES PATHÉ
Double Face

AVIS IMPORTANT

ooo

Les Disques PATHÉ sont les seuls qui soient d'un prix unique par chaque grandeur de Disque, quelle que soit la notoriété de l'Artiste.

Demander le Répertoire spécial === à chaque dimension de Disque

Les Disques PATHÉ chantent sans aiguille